essentials

essentials liefern aktuelles Wissen in konzentrierter Form. Die Essenz dessen, worauf es als „State-of-the-Art" in der gegenwärtigen Fachdiskussion oder in der Praxis ankommt. *essentials* informieren schnell, unkompliziert und verständlich

- als Einführung in ein aktuelles Thema aus Ihrem Fachgebiet
- als Einstieg in ein für Sie noch unbekanntes Themenfeld
- als Einblick, um zum Thema mitreden zu können

Die Bücher in elektronischer und gedruckter Form bringen das Expertenwissen von Springer-Fachautoren kompakt zur Darstellung. Sie sind besonders für die Nutzung als eBook auf Tablet-PCs, eBook-Readern und Smartphones geeignet. *essentials:* Wissensbausteine aus den Wirtschafts-, Sozial- und Geisteswissenschaften, aus Technik und Naturwissenschaften sowie aus Medizin, Psychologie und Gesundheitsberufen. Von renommierten Autoren aller Springer-Verlagsmarken.

Weitere Bände in dieser Reihe http://www.springer.com/series/13088

Thomas Rießinger

Dreisatz, Prozente und Zinsen

Umgang mit Formeln leicht gemacht

Prof. Dr. Thomas Rießinger
Bensheim, Deutschland

ISSN 2197-6708 ISSN 2197-6716 (electronic)
essentials
ISBN 978-3-658-15084-6 ISBN 978-3-658-15085-3 (eBook)
DOI 10.1007/978-3-658-15085-3

Die Deutsche Nationalbibliothek verzeichnet diese Publikation in der Deutschen National-
bibliografie; detaillierte bibliografische Daten sind im Internet über http://dnb.d-nb.de abrufbar.

Springer Spektrum

Gedruckt auf säurefreiem und chlorfrei gebleichtem Papier

Springer Spektrum ist Teil von Springer Nature
Die eingetragene Gesellschaft ist Springer Fachmedien Wiesbaden GmbH

Was Sie in diesem *essential* finden können

- Den Aufbau eines Dreisatzes und die verschiedenen Dreisatzarten
- Die Grundbegriffe der Prozentrechnung und die dazu passenden Rechenregeln
- Die Grundbegriffe der Zinsrechnung und die dazu passenden Rechenregeln
- Beispiele zu allen behandelten Themen

Vorwort

Jeder muss ab und zu etwas *Einsatz* zeigen, sei es nun im Beruf, beim Rasenmähen oder bei den Hausaufgaben der Kinder. Im Gegensatz dazu hat kein Mensch jemals etwas von einem *Zweisatz* gehört, und auch der Duden quittiert die Frage nach dem Zweisatz mit einem ratlosen Achselzucken. Seltsam genug, denn der *Dreisatz* hat seinen Weg in die Wörterbücher gefunden, und nicht nur das: Generationen von Schülern durften sich schon mit ihm auseinandersetzen und dabei erleben, dass etwas ganz Einfaches auch kompliziert ausgedrückt werden kann. Ähnlich sieht es bei der Pozentrechnung aus. Natürlich mag es vorkommen, dass in einer Klasse mit 30 Schülern ein Lehrer nach der Korrektur einer Arbeit verkündet, 80 % der Klasse hätten eine 5 geschrieben, und dann die Antwort hören muss: „Haha, kann gar nicht sein, wir sind doch nur 30!" Aber in Wahrheit hat doch jeder schon einmal mit Prozenten zu tun gehabt. Man wird buchstäblich von ihnen verfolgt. Wenn es darum geht, wieder einmal die Mehrwertsteuer zu erhöhen, weil sonst die Gehälter der Politiker nicht mehr bezahlt werden können, dann hören Sie etwas über Prozente und die Steigerung von 16 auf 19 %. Wenn eben diese Politiker am Wahlabend gebannt auf die Ergebnisse starren, weil es von ihnen abhängt, ob sie ihre Gehälter weiter beziehen können – was sehen sie dann auf den Bildschirmen? Prozentzahlen natürlich.

Nun steht ja die politische Klasse in dem Ruf, nicht unbedingt im alltäglichen Leben verankert zu sein, und daher liegt der Vorwurf nahe, das könnte auch für die Prozentrechnung zutreffen. Stimmt aber nicht. Sie brauchen nur in irgendeinen Laden zu gehen und werden mit hoher Wahrscheinlichkeit dem einen oder anderen Schild begegnen, auf dem in großen Lettern so etwas wie „20 % Rabatt" verzeichnet ist. Oder sich mit dem Gedanken an den Kauf einer Wohnung zu beschäftigen, und schon wird Ihnen ein Bankangestellter seltsame Worte wie „4 % Effektivzins" zumurmeln. Die Frage ist nur: Was ist denn damit gemeint? Jeder weiß, dass 19 % Mehrwertsteuer mehr sind als 16 %, aber wie genau rechnet man aus, was das in Euro und Cent ausmacht? Und jedem ist klar, dass 2 % Gehaltserhöhung angenehmer sind als nur 1 % oder gar keins, aber wie viel Geld kommt dann Monat für Monat zusätzlich auf mein Konto? Fragen des täglichen Lebens, die alle etwas mit Prozenten zu tun haben, und denen ich im Laufe dieses kleinen Buches nachgehen will.

Natürlich ist das nicht alles, was die Mathematik an Formeln zu bieten hat. Sollten Sie bei der Lektüre zu dem Schluss kommen, dass man vielleicht auch die sogenannte Algebra auf die gleiche Weise vorstellen könnte, darf ich Ihnen mein Buch „Gleichungen, Umformungen, Terme" empfehlen, in dem die Schulalgebra der Mittelstufe behandelt wird.

Und somit fangen wir an!

Bensheim, Deutschland   Thomas Rießinger
Sommer 2016

Inhaltsverzeichnis

Dreisatz 1

Manchmal steht man im Leben vor einfachen praktischen Problemen. Stellen Sie sich vor, Sie haben in einer Kneipe für zwei Gläser Bier 5,00 EUR bezahlt und wollen herausfinden, ob es noch für ein drittes Glas Bier langt. Nun kann man lange darüber jammern, dass das Bier so teuer geworden ist, das wird bei der Lösung dieses Problems nichts helfen; Sie müssen ausrechnen, wie viel drei Gläser Bier kosten. Das ist aber nicht schwer. Wenn nämlich zwei Bier 5,00 EUR kosten, dann wird ein Bier genau die Hälfte von 5,00 EUR auf die Rechnung bringen, also 2,50 EUR. Folglich kosten drei Bier das Dreifache von 2,50, und das sind 7,50.

Sie werden zugeben, dass das leicht war. Es war aber nicht nur leicht, es war auch schon ein erstes Beispiel für einen *Dreisatz,* und im Folgenden zeige ich Ihnen an zwei weiteren Beispielen, warum der Dreisatz Dreisatz heißt.

Beispiel 1.1

a) Sie sind mit dem Auto 250 km gefahren und stellen beim Tanken fest, dass Sie auf dieser Fahrt 18 L Benzin verbraucht haben. Wie hoch war Ihr Verbrauch, umgerechnet auf 100 km? Auch das ist nicht schwer. Wenn Sie für 250 km 18 L benötigt haben, dann wird ein Kilometer gerade $\frac{18}{250}$ Liter durch den Auspuff pusten und 100 km natürlich genau das Hundertfache, also $\frac{18 \cdot 100}{250} = \frac{1800}{250}$ L. Das kann man noch kürzen und erhält einen Verbrauch von $\frac{1800}{250} = \frac{36}{5} = 7,2$ L auf 100 km. Und warum soll das jetzt ein *Dreisatz* sein? Weil man den Lösungsweg üblicherweise in drei Sätzen aufschreibt.

Für 250 km brauchen Sie 18 L.

Für 1 km brauchen Sie $\frac{18}{250}$ L.

Für 100 km brauchen Sie $\frac{18 \cdot 100}{250} = \frac{1800}{250} = \frac{36}{5} = 7,2$ L.

© Springer Fachmedien Wiesbaden 2016
T. Rießinger, *Dreisatz, Prozente und Zinsen,* essentials,
DOI 10.1007/978-3-658-15085-3_1

b) Bleiben wir gleich beim Autofahren und bei den Kosten, die es verursacht. Die 18 L von Ihrer letzten Fahrt haben die stolze Summe von 22,50 EUR gekostet. Nun fasst aber Ihr Tank insgesamt 56 L, und Sie wüssten gern den Preis für eine komplette Tankfüllung. Auch das können wir mit dem Schema aus drei Sätzen erledigen.

18 L kosten 22,50 EUR.

1 L kostet $\frac{22,50}{18}$ EUR.

56 L kosten $56 \cdot \frac{22,50}{18} = \frac{56 \cdot 22,50}{18}$ EUR.

Das Unangenehme hier ist nicht die prinzipielle Vorgehensweise, sondern der Bruch, den man noch so ausrechnen muss, dass mit dem Eurobetrag auch etwas anzufangen ist. Aber auch das kann Sie nicht wirklich schrecken: Um das Komma im Zähler zu beseitigen, erweitere ich den Bruch mit 2 und stelle dann fest, dass man ihn durch 9 kürzen kann, weil 45 problemlos durch 9 teilbar ist. Also folgt:

$$\frac{56 \cdot 22,50}{18} = \frac{56 \cdot 45}{36} = \frac{56 \cdot 5}{4} = \frac{14 \cdot 5}{1} = 70,$$

und Ihre Tankfüllung wird Ihren Geldbeutel um stolze 70 EUR erleichtern.

Sie sehen, es ist immer das gleiche Prinzip. Man hat zwei Größen gegeben, zum Beispiel die Anzahl der Liter und den Preis, den Sie dafür bezahlen mussten, will eine der beiden Größen verändern, zum Beispiel die Literzahl, und möchte dann wissen, was mit der anderen Größe passiert. Bei den Beispielen, die ich bisher untersucht habe, hatten die Größen die angenehme Eigenschaft, dass eine Veränderung der *einen* Größe um irgendeinen Faktor automatisch zu einer Veränderung der *anderen* Größe um den gleichen Faktor führte: Verdopple ich meine Literzahl, wird sich auch der Gesamtpreis verdoppeln, halbiere ich die Anzahl der Liter, muss ich auch nur halb so viel an der Kasse bezahlen. So etwas nennt man eine *direkt proportionale Zuordnung* – ein recht hochtrabender Begriff für etwas so Einfaches.

> Zwischen zwei Größen besteht eine direkt proportionale Zuordnung, wenn die Veränderung einer der beiden Größen um einen bestimmten Faktor automatisch zu einer Veränderung der anderen Größe um den gleichen Faktor führt.

Das Leben ist voll von Beispielen für direkt proportionale Zuordnungen, einige davon haben Sie hier schon gesehen. Beliebt sind auch die Beispiele des Stundenlöhners oder des Akkordarbeiters: Ein Arbeiter, der stundenweise bezahlt wird, kann eine direkt proportionale Zuordnung zwischen der Anzahl der geleisteten Arbeitsstunden und seinem Lohn herstellen, denn bei festem Stundenlohn wird zum Beispiel eine Verdopplung der Arbeitsstunden zu einer Verdopplung des Arbeitslohnes führen. Nicht viel anders sieht es bei einem Akkordarbeiter aus; der einzige Unterschied besteht darin, dass es ihm nicht um die geleisteten Stunden, sondern um die hergestellten Stücke geht, denn schließlich wird er stückweise bezahlt. Wenn er also heute dreimal so viele Stücke herstellt wie gestern, dann wird er heute auch dreimal so viel verdienen.

Man könnte fast glauben, es gäbe nichts anderes auf der Welt als direkt proportionale Zuordnungen. Das wäre ein Fehlschluss, wie schon ein Blick in die Küche beweist. Nehmen wir beispielsweise an, 2 Eier brauchen auf Ihrem Herd 5 min, um hart gekocht zu sein. Wie lange brauchen dann 4 Eier? Das Doppelte von 5 min? Natürlich nicht, wenn Sie die 4 Eier im gleichen Topf kochen wie vorher die 2 Eier, dann werden sie keine 10 min brauchen, sondern ebenfalls 5, vielleicht sogar etwas weniger, weil Sie weniger Wasser in den Topf füllen müssen, um die Eier vollständig zu bedecken. Hier ist also keine Form von Proportionalität zu finden, und daher können Sie hier auch das Schema des Dreisatzes nicht anwenden.

Wann immer Sie es aber mit Größen zu tun haben, die einer direkt proportionalen Zuordnung unterworfen sind, können Sie guten Gewissens auf den sogenannten *einfachen direkten Dreisatz* zurückgreifen, dessen Schema ich jetzt kurz zusammenfasse.

Gegeben seien zwei Größen A und B, zwischen denen eine direkt proportionale Zuordnung besteht, wobei a Einheiten von A genau b Einheiten von B entsprechen. Sollen nun c Einheiten der Größe A verwendet werden, so kann man die entsprechende Zahl der Einheiten von B nach dem folgenden Schema ausrechnen: a Einheiten von A entsprechen b Einheiten von B.

1 Einheit von A entspricht $\frac{b}{a}$ Einheiten von B.

c Einheiten von A entsprechen $\frac{c \cdot b}{a}$ Einheiten von B.

Dieses Schema wird als einfacher direkter Dreisatz bezeichnet.

Noch einmal: Der einfache direkte Dreisatz funktioniert dann und nur dann, wenn die untersuchten Größen eine direkt proportionale Zuordnung aufweisen, ansonsten dürfen Sie an ihn nicht einmal denken. Im Falle gutwilliger Größen funktioniert er aber ganz hervorragend.

Beispiel 1.2

Wieder einmal fahre ich zum Tanken und stelle fest, dass mein Vordermann an
der Tankstelle für 73,80 genau 60 L getankt hat. Während er an der Kasse mit
der Kassiererin plaudert und ich auf die Freigabe der Zapfsäule warte, fällt mir
ein, dass ich vergessen habe, zur Bank zu gehen und nur noch 27,06 EUR in der
Tasche habe. Wie viel Benzin darf ich dafür tanken? Kein Problem, zwischen
der Anzahl der getankten Liter und dem zu zahlenden Preis besteht offenbar eine
direkt proportionale Zuordnung und ich darf das vertraute Schema anwenden.
Für 73,80 EUR bekommt man 60 L.
Für 1 EUR bekommt man $\frac{60}{73,8}$ L.
Für 27,06 EUR bekommt man $27,06 \cdot \frac{60}{73,8}$ L.
Der Dreisatz ist damit beendet, ich muss nur noch die Zahl vernünftig ausrechnen.
Es ist aber

$$\frac{27,06 \cdot 60}{73,8} = \frac{2706 \cdot 60}{7380} = \frac{3 \cdot 902 \cdot 3 \cdot 20}{9 \cdot 820} = \frac{902 \cdot 20}{820} = \frac{902}{41} = 22,$$

denn $902 : 41 = 22$. Für meine 27,06 EUR darf ich also 22 L tanken.

Übrigens ist mir schon klar, dass man eine solche Kürzungsaktion nicht an
der Zapfsäule im Kopf durchführen kann. Sofern Sie zufällig einen Taschenrechner mitführen, können Sie das gleiche Problem natürlich auch direkt auf Ihrem
Rechner angehen, indem Sie $27,06 \cdot 60$ ausrechnen und das Ergebnis dann durch
73,8 teilen. Am Resultat wird das aber nichts ändern, mehr als 22 L kann ich mir
auch mit Taschenrechner nicht leisten.

So viel zur direkt proportionalen Zuordnung und dem einfachen direkten Dreisatz. Wenn er aber schon einfach und direkt heißt, dann sollte man denken, dass
es auch einen indirekten Dreisatz gibt, und den werde ich Ihnen jetzt vorstellen. Er
ist auch nicht schwieriger als der direkte, nur dass er genau umgekehrt funktioniert
und deshalb auch manchmal als umgekehrter Dreisatz bezeichnet wird.

Beispiel 1.3

Auf einem großen Bauernhof werden zur Ernte 3 Mähdrescher eingesetzt, die zur
Aberntung der gesamten Anbaufläche zusammen 80 h benötigen. Das dauert dem
Großbauern zu lang, und da er gerade geerbt hat, schafft er weitere 2 Mähdrescher
an. Wie lange dauert die Ernte mit den jetzt vorhandenen 5 Mähdreschern?
Der Buchhalter macht sich an die Arbeit. Mit 3 Mähdreschern braucht man
80 h. Mit nur einem Mähdrescher würde man nicht etwa nur ein Drittel der

Zeit brauchen, sondern im Gegenteil die dreifache Zeit, da die gleiche Arbeit auf weniger Maschinen verteilt werden muss. Also braucht ein Mähdrescher zum Abernten $3 \cdot 80 = 240\,\text{h}$. Und 5 Mähdrescher? Jetzt kann die Arbeit auf 5 Maschinen verteilt werden, und daher muss ich die $240\,\text{h}$ durch 5 teilen mit dem Ergebnis $240:5 = 48$. Beim Einsatz von 5 Mähdreschern wird die Getreideernte also nur noch $48\,\text{h}$ in Anspruch nehmen.

Der Unterschied ist klar. Beim direkten Dreisatz, der auf direkt proportionalen Zuordnungen beruhte, führte eine Veränderung einer Größe um einen bestimmten Faktor zur gleichen Veränderung der anderen Größe. Hier ist es genau umgekehrt! Die Drittelung der Maschinenanzahl lässt die Anzahl der Arbeitsstunden nicht ebenfalls schrumpfen, sondern im Gegenteil mit dem Faktor 3 ansteigen. Und sobald ich aus einer Maschine wieder 5 werden lasse, reduziert sich die Anzahl der Stunden um eben diesen Faktor 5. So etwas nennt man eine *indirekt proportionale Zuordnung* oder auch eine *umgekehrt proportionale Zuordnung*.

> Zwischen zwei Größen besteht eine indirekt oder auch umgekehrt proportionale Zuordnung, wenn die Veränderung einer der beiden Größen um einen bestimmten Faktor a automatisch zu einer Veränderung der anderen Größe um den Faktor $\frac{1}{a}$ führt.

Auch für indirekt proportionale Zuordnungen gibt es eine Unmenge von Beispielen. Woran muss beispielsweise der Proviantmeister eines Kreuzfahrtschiffes denken? Ganz sicher daran, dass genügend Trinkwasser an Bord ist, damit Besatzung und Passagiere nicht verdursten, und dieses Wasser muss mindestens so lange reichen, bis das Schiff wieder einmal anlegt. Nehmen wir an, sein Vorrat reicht bei 500 Personen 4 Tage lang. Wann muss das Schiff bei einer Gesamtanzahl von 1000 Personen wieder anlegen, damit keine Ausfallerscheinungen auftreten? Natürlich nach 2 Tagen, denn mehr Personen brauchen mehr Wasser, also kommt die doppelte Anzahl von Personen mit dem gleichen Vorrat nur die halbe Zeit aus. Die Personenzahl wurde mit 2 multipliziert, die Anzahl der Tage mit $\frac{1}{2}$: eine indirekt proportionale Zuordnung.

Ich will es aber bei der Zuordnung nicht bewenden lassen, der passende Dreisatz muss auch noch her. Ein Beispiel haben Sie schon gesehen, an einem weiteren Beispiel zeige ich Ihnen jetzt das aus drei Sätzen bestehende Schema.

Beispiel 1.4

Reden wir einmal nicht über den Benzinverbrauch und seine Kosten, sondern über Geschwindigkeiten. Fahre ich morgens im Berufsverkehr auf der Autobahn von zu Hause zur Arbeit, dann brauche ich bei einer durchschnittlichen Geschwindigkeit von 90 km/h immerhin 45 min. Falls ich das Glück habe, früh wieder zurückzufahren und vor dem Berufsverkehr unterwegs zu sein, dann brauche ich nur eine halbe Stunde. Wie schnell bin ich dann gefahren? Ganz einfach. Würde ich nur eine Minute brauchen, dann wäre ich mit der 45-fachen Geschwindigkeit des Hinweges gefahren: Zwischen der Geschwindigkeit und der benötigten Zeit besteht eine indirekt proportionale Zuordnung. Bei $45 \cdot 90$ km/h bräuchte ich also für meine Strecke nur eine Minute. Nun brauche ich in Wahrheit aber 30 min, und das heißt, dass ich meine Geschwindigkeit wieder durch 30 teilen muss. Also bin ich mit einer Geschwindigkeit von $\frac{45 \cdot 90}{30} = 135$ km/h gefahren. Auch hier hilft ein Schema aus drei Sätzen beim ordentlichen Aufschreiben der Rechnung.

45 min brauche ich bei 90 km/h.

1 min brauche ich bei $45 \cdot 90$ km/h.

30 min brauche ich bei $\frac{45 \cdot 90}{30} = 135$ km/h.

Wieder drei Sätze, wieder ein Dreisatz, nur eben genau umgekehrt wie vorhin. Beim direkten Dreisatz musste ich erst die beiden gegebenen Größen durch die gleiche Zahl teilen und dann auch gemeinsam mit einer Zahl multiplizieren. Hier ist das anders: Die Minuten habe ich durch 45 geteilt, während ich die Geschwindigkeit mit 45 multipliziern musste. Und danach habe ich die Minuten mit 30 multipliziert, die Geschwindigkeit dagegen durch 30 geteilt. Beim direkten Dreisatz werden die Größen also jeweils gleich behandelt, beim indirekten jeweils entgegengesetzt.

Gegeben seien zwei Größen A und B, zwischen denen eine indirekt proportionale Zuordnung besteht, wobei a Einheiten von A genau b Einheiten von B entsprechen. Sollen nun c Einheiten der Größe A verwendet werden, so kann man die entsprechende Zahl der Einheiten von B nach dem folgenden Schema ausrechnen:

a Einheiten von A entsprechen b Einheiten von B.

1 Einheit von A entspricht $a \cdot b$ Einheiten von B.

c Einheiten von A entsprechen $\frac{a \cdot b}{c}$ Einheiten von B.

Dieses Schema wird als einfacher indirekter oder auch als einfacher umgekehrter Dreisatz bezeichnet.

Der indirekte Dreisatz ist also nicht schwerer als der direkte, nur eben umgekehrt. Noch zwei Beispiele, dann sind Sie auch davon erlöst.

Beispiel 1.5

a) Ein Ölbrenner verbraucht in seinem Normalzustand 3,5 L Heizöl pro Betriebsstunde, wobei man mit einer Tankfüllung den Brenner genau 1200 h lang laufen lassen kann. Nun haben wir aber einen ausgesprochen kalten Winter, und deshalb muss die Heizleistung erhöht werden, was zu einem erhöhten Verbrauch von 4,8 L pro Betriebsstunde führt. Wie lange reicht bei einem harten Winter eine Tankfüllung?
Der Zusammenhang ist hier ein indirekt proportionaler: Wenn Sie den Verbrauch pro Betriebsstunde beispielsweise verdoppeln, dann wird sich die Zeit, die man mit einer Tankfüllung überstehen kann, halbieren. Also liegt ein Fall für einen indirekten Dreisatz vor, den ich direkt mit dem üblichen Schema angehe.
3,5 L Verbrauch reichen für 1200 h.
1 L Verbrauch reicht für $3{,}5 \cdot 1200$ h.
4,8 L Verbrauch reichen für $\frac{3{,}5 \cdot 1200}{4{,}8} = \frac{35 \cdot 1200}{48} = \frac{35 \cdot 25}{1} = 875$ h.
Bei dem erhöhten Verbrauch wird eine Tankfüllung also nur für 875 Betriebsstunden reichen.

b) Im frühen fünfzehnten Jahrhundert hat die Post noch etwas anders funktioniert als heute und vielleicht nicht schlechter. Ein Bote, der eine Nachricht in 5 Tagen von Venedig nach Nürnberg transportierte, erhielt eine Prämie von 50 Gulden – nicht wenig Geld für die damalige Zeit. Er konnte seine Prämie aber durch erhöhte Geschwindigkeit noch verbessern: Wie viele Tage durfte er für seinen Botengang ansetzen, um die doppelte Prämie zu kassieren? Sicher nicht mehr als 5, das entspräche vielleicht deutschem Beamtenrecht, wäre aber kaum sinnvoll; direkt proportional kann die Zuordnung nicht sein. Bei einer indirekt proportionalen Zuordnung dagegen würde eine verdoppelte Prämie genau der halben Zeit entsprechen, also zweieinhalb Tagen. Das konnte aber niemand schaffen. Schon 5 Tage waren eine gute Leistung, und wer diese 5 Tage um nur einen Tag unterbot und seine Botschaft innerhalb von 4 Tagen dem Empfänger überbrachte, erhielt die doppelte Prämie von 100 Gulden. Nicht jede Zuordnung entspricht den Regeln des Dreisatzes; manchmal ist man weder direkt noch indirekt, sondern überhaupt nicht proportional. Sie müssen also bei jeder Aufgabe, die nach einem Dreisatz aussieht, auf zwei Dinge achten: Liegt tatsächlich eine proportionale Zuordnung vor und wenn ja, welche? Erst wenn diese Punkte geklärt sind, können Sie eines der beiden Schemata einsetzen.

Der klassische Dreisatz in seinen beiden Varianten ist damit erledigt. Diese beiden Varianten waren aber mit dem Attribut „einfach" geschmückt, was den Verdacht nahelegt, dass es auch noch so etwas wie einen mehrfachen oder einen doppelten Dreisatz gibt. Den gibt es auch, aber er hat den kleinen Nachteil, dass er sich nicht mehr in einem Schema aus drei Sätzen durchführen lässt, also streng genommen keinen Dreisatz mehr darstellt, sondern eher einen Fünfsatz. Das Prinzip ist aber genau das gleiche wie bei den Aufgaben und Problemen, die ich Ihnen bisher gezeigt habe, nur dass man es jetzt mit mehreren Einflussgrößen zu tun hat. Sehen wir uns das Ganze an einem Beispiel an.

Beispiel 1.6

Nehmen wir an, in einer Großküche hat man durch systematisches Zählen festgestellt, dass man für 30 Personen für 5 Tage insgesamt 18 kg Fleisch verbraucht – welche Art von Fleisch, soll mir egal sein, die Tierkrankheiten wechseln von Jahr zu Jahr. Nun kommt ein Großauftrag ins Haus, nach dem 15 Tage lang für 48 Personen gekocht werden soll, und der Koch, der gleichzeitig als Chefeinkäufer tätig ist, dreht durch. Wie viel Fleisch wird er brauchen? Sie als geübter Dreisatzrechner können ihn beruhigen und ihm die folgende Rechnung aufmachen. Die üblichen 30 Personen benötigen für die üblichen 5 Tage 18 kg Fleisch, so viel ist unstrittig. Folglich wird eine einzige Person für 5 Tage auch nur $\frac{1}{30}$ von 18 kg verbrauchen, das sind $\frac{18}{30}$ kg. Und für einen Tag? Natürlich $\frac{1}{5}$ des bisher errechneten Verbrauchs, also $\frac{18}{30 \cdot 5}$ kg. Nun besteht aber die Gästehorde aus 48 einzelnen Personen, und jede wird 15 Tage lang essen. Da ich aber weiß, dass eine einzelne Person an einem Tag $\frac{18}{30 \cdot 5}$ kg Fleisch zu sich nimmt, wird sie in 15 Tagen das Fünfzehnfache verdrücken, also $\frac{15 \cdot 18}{30 \cdot 5}$ kg. Es wird aber nicht nur ein Gast kommen, sondern deren 48, und das führt mich insgesamt zu einem Verbrauch von $\frac{48 \cdot 15 \cdot 18}{30 \cdot 5}$ kg Fleisch. Kürzen ergibt dann:

$$\frac{48 \cdot 15 \cdot 18}{30 \cdot 5} = \frac{16 \cdot 3 \cdot 18}{10 \cdot 1} = \frac{864}{10} = 86,4.$$

Der Fleischverbrauch für die erwartete Gästeschar beläuft sich also auf 86,4 kg.

Wie schon erwähnt, kann man auch diesen Gedankengang in ein Schema pressen, das allerdings aus fünf Sätzen besteht.

30 Personen brauchen für 5 Tage 18 kg Fleisch.

1 Person braucht für 5 Tage $\frac{18}{30}$ kg Fleisch.

1 Person braucht für 1 Tag $\frac{18}{30 \cdot 5}$ kg Fleisch.

1 Person braucht für 15 Tage $\frac{15 \cdot 18}{30 \cdot 5}$ kg Fleisch.

48 Personen brauchen für 15 Tage $\frac{48 \cdot 15 \cdot 18}{30 \cdot 5}$ kg Fleisch.

Es ist das gleiche Spiel wie beim klassischen Dreisatz, nur etwas länger. Diesmal habe ich gleich zwei Größen auf 1 heruntergerechnet, nämlich die Personenzahl und die Anzahl der Tage, bisher war das immer nur eine Größe. Und dann musste ich die Anzahl der Tage und die Anzahl der Personen auf die gewünschte Höhe bringen, um zu meinem Ergebnis zu kommen – auch das wie gehabt, nur eben mit zwei Einflussgrößen statt nur einer.

Ein Beispiel noch zu diesem mehrfachen Dreisatz, dann gehe ich zur Prozentrechnung über.

Beispiel 1.7

Vorhin hatten wir schon einmal ein Beispiel über den Mähdreschereinsatz in der Getreideernte, und die Landwirtschaft lässt auch den mehrfachen Dreisatz zu. Ein Bauer weiß, dass er mit 3 Mähdreschern zum Abernten von 20 ha 80 h Arbeitszeit einsetzen muss. Wie sieht es aus, wenn er zwar 5 Mähdrescher befehligen kann, aber dafür gleich 60 ha abzuernten hat? Damit sich der Erntebeginn nicht zu sehr verzögert, gehe ich gleich zu meinem Fünfsatzschema über.

3 Mähdrescher bearbeiten 20 ha in 80 h.

1 Mähdrescher bearbeitet 20 ha in $3 \cdot 80$ h.

1 Mähdrescher bearbeitet 1 ha in $\frac{3 \cdot 80}{20}$ h.

1 Mähdrescher bearbeitet 60 ha in $\frac{60 \cdot 3 \cdot 80}{20}$ h.

5 Mähdrescher bearbeiten 60 ha in $\frac{60 \cdot 3 \cdot 80}{5 \cdot 20}$ h.

Kürzen ergibt dann eine Erntezeit von $\frac{60 \cdot 3 \cdot 80}{5 \cdot 20} = \frac{12 \cdot 3 \cdot 4}{1 \cdot 1} = 144$ h.

Auch hier habe ich nichts Ungewöhnliches getan. Die Zuordnung war zwar im Gegensatz zum vorherigen Beispiel umgekehrt proportional, weil das Herunterrechnen auf einen Mädrescher die Erntezeit erhöht, aber davon abgesehen waren die Schritte genau die gleichen: Die beiden Einflussgrößen „Anzahl der Mädrescher" und „Erntefläche" habe ich auf 1 heruntergerechnet und anschließend der Reihe nach auf die gewünschten Werte gebracht. So geht das immer, mehr steckt nicht dahinter.

Bei einem mehrfachen oder doppelten Dreisatz, der sowohl mit einer direkt als auch einer indirekt proportionalen Zuordnung vorkommen kann, rechnet man die beiden gegebenen Einflussgrößen auf 1 herunter und bringt sie anschließend auf die gewünschten Werte. Diese Rechnung lässt sich mit einem Schema aus fünf Sätzen durchführen.

Jetzt haben Sie genug Dreisätze gesehen, es wird Zeit für die Prozentrechnung.

Was sind Prozente? 2

Obwohl das manch einer glauben dürfte, sind Prozente nicht immer die Preisnachlässe, die man im Einzelhandel bei etwas Geschick aushandeln kann. Prozente kommen auch bei Steuern, Gehältern und eigentlich überall dort vor, wo es um die Berechnung von Anteilen geht. Das Rechnen mit Prozenten ist deshalb immer auch ein Rechnen mit Brüchen, und diese Brüche haben den großen Vorteil eines überschaubaren Nenners, da die Prozentrechnung immer den Nenner 100 vorschreibt.

Das Wort „Prozent" bedeutet nämlich auf Deutsch nichts anderes als „von Hundert" oder gebräuchlicher „Hundertstel". Rechnen mit Prozenten ist das Rechnen mit Hundertsteln, also mit Brüchen, die immer den Nenner 100 aufweisen, nicht mehr und nicht weniger. Dabei gibt es ein paar Verfahren und Methoden, auf die man achten sollte, aber im Grunde genommen geht es immer nur um das Rechnen mit Hundertsteln. Das sollten Sie sich immer im Gedächtnis bewahren, wenn Sie vielleicht einmal irgendwo zwischen *Grundwert, Prozentsatz* und *Prozentwert* den Faden verlieren sollten: Es geht immer nur um Brüche mit dem Nenner 100, und die können so schwer gar nicht sein. Werfen wir wie üblich erst einmal einen Blick auf das eine oder andere Beispiel.

Beispiel 2.1

Wie viel sind 17 Prozent von 100? Zunächst einmal vermeidet man es üblicherweise, immer das Wort „Prozent" aufzuschreiben und verwendet dafür das Zeichen %. Die Frage lautet also verkürzt: Wie viel sind 17 % von 100? Prozente sind aber nur Hundertstel, also sind 17 % genau $\frac{17}{100}$, und 17 % von 100 ergeben dann $\frac{17}{100} \cdot 100 = 17$. Eine gute Gelegenheit, an ein altes Prinzip aus der Bruchrechnung zu erinnern. Wann immer Sie einen durch einen Bruch beschriebenen Anteil an einer Gesamtheit haben, dann können Sie die konkrete Anzahl, die in diesem Anteil steckt, ausrechnen, indem Sie den Bruch mit der Anzahl der Einheiten der Gesamtheit multiplizieren. Was sind zum Beispiel 34 % von 2300.

© Springer Fachmedien Wiesbaden 2016
T. Rießinger, *Dreisatz, Prozente und Zinsen,* essentials,
DOI 10.1007/978-3-658-15085-3_2

Na gut, $34\,\%$ entspricht $\frac{34}{100}$, also sind $34\,\%$ von 2300 auf den Punkt genau $\frac{34}{100} \cdot 2300 = \frac{34 \cdot 2300}{100} = 34 \cdot 23 = 782$.

Kaum etwas könnte also einfacher sein als die Anwendung einee Prozentsatzes auf eine Grundgesamtheit. Der *Prozentsatz* gibt an, wie viele %, also wie viele Hundertstel ich von der betrachteten Grundgesamtheit ausrechnen will, und das mache ich, indem ich die Gesamtheit mit dem passenden Bruch mit dem Nenner 100 multipliziere. $12\,\%$ von 500 sind $\frac{12}{100} \cdot 500 = 60$ und $14\,\%$ von 98 sind $\frac{14}{100} \cdot 98 = \frac{14 \cdot 98}{100} = \frac{1372}{100} = 13{,}72$; das Prinzip ist immer das Gleiche. Wenn ich also einen Prozentsatz p habe und eine Grundgesamtheit g, und wenn ich wissen will, wie viel $p\,\%$ von g sind, dann muss ich nur $\frac{p}{100}$ mit g multiplizieren, und schon ist das Problem gelöst. Den Wert g, der die Grundgesamtheit beschreibt, nennt man den *Grundwert,* und den berechneten Anteil bezeichnet man dann als den *Prozentwert.*

Schon haben wir die wesentlichen Begriffe der Prozentrechnung zusammen, das ist Grund genug für eine Zusammenfassung.

Prozent (%) bedeutet Hunderstel, also entspricht $1\,\%$ genau $\frac{1}{100}$ und $p\,\%$ genau $\frac{p}{100}$. Spricht man von $p\,\%$ einer Gesamtheit, so bezeichnet man die Zahl p als den Prozentsatz; er gibt an, wie viele Hunderstel von der Gesamtheit genommen werden sollen. Die Gesamtheit selbst, von der der Anteil berechnet werden soll, wird als Grundwert bezeichnet und oft mit g abgekürzt. Sind ein Prozentsatz p und ein Grundwert g gegeben, so berechnet man $p\,\%$ von g nach der Formel $\frac{p}{100} \cdot g$; das Resultat wird als Prozentwert bezeichnet.

Grundwert, Prozentwert und Prozentsatz, darum wird es jetzt eine Weile gehen. Zunächst sollten wir uns einmal drei besondere Prozentsätze ansehen.

Beispiel 2.2

Eine Klassenarbeit hat eine Durchfallquote von $0\,\%$ – ist das ein Grund zur Freude oder zur Trauer? Wie viele Teilnehmer auch die Arbeit mitgeschrieben haben mögen: Der Anteil der Durchfaller beträgt gerade mal $\frac{0}{100}$, und $\frac{0}{100}$ von jeder Grundgesamtheit ist schlicht nichts. Keiner ist durchgefallen, alle haben bestanden, so schön kann das Leben sein. Unabhängig vom Grundwert sind also $0\,\%$ immer genau 0, keiner mehr und keiner weniger.

Und wie viele haben jetzt bestanden, wenn man in Prozent rechnet? Natürlich alle, und alle Hundertstel müssen wohl $\frac{100}{100}$ sein, denn das ist 1. Und das stimmt auch, denn für jeden Grundwert g sind $100\,\%$ von g einfach nur $\frac{100}{100} \cdot g = g$. Der

Grundwert selbst, die komplette Grundgesamtheit, entspricht also immer 100 %, egal aus wie vielen Einzelteilen meine Grundgesamtheit besteht.

Aber wie viele Punkte brauchte man denn, um die erfreuliche Klassenarbeit zu bestehen? Üblich ist es, zum Bestehen genau die Hälfte der überhaupt möglichen Punkte anzusetzen. Und wie viel ist das in Prozent? Wenn g der Grundwert ist, dann ist die Hälfte von g naürlich $\frac{1}{2} \cdot g = \frac{50}{100} \cdot g$, was Sie leicht nachprüfen können, wenn Sie den Bruch $\frac{1}{2}$ mit 50 erweitern. Und da nun mal Prozente nichts anderes sind als Hundertstel, entspricht die Hälfte eines Grundwertes 50 %.

Gar nichts sind 0 %, die Hälfte entspricht 50 %, und die komplette Gesamtheit hat man bei 100 %. Diese Werte kommen auch im täglichen Leben immer mal wieder vor, deshalb sollte man sie parat haben.

Und was ist jetzt noch zu tun? Jetzt werde ich mich systematisch den drei Größen Prozentwert, Grundwert und Prozentsatz widmen und Ihnen zeigen, wie man aus zweien von ihnen den jeweils dritten ausrechnet. Fangen wir gleich mit der Berechnung des Prozentwertes an.

Prozentwert 3

Es gibt Grundwert, Prozentsatz und Prozentwert, und sobald Sie zwei davon kennen, können Sie den dritten ausrechnen. Wie sieht es also aus, wenn Sie über den Grundwert und den Prozentsatz informiert sind und den Prozentwert berechnen wollen? Das hatten wir eigentlich schon im letzten Abschnitt, aber ein wenig Wiederholung kann nicht schaden, zumal es verschiedene Arten gibt, die Rechnung durchzuführen.

Beispiel 3.1

a) Der Mehrwertsteuersatz im Jahr 2006 beträgt 16 %. Wie viel muss ich für einen Artikel an der Ladenkasse bezahlen, der ohne Mehrwertsteuer 156 EUR kostet? Um das zu beantworten, muss ich die Mehrwertsteuer auf 156 EUR ausrechnen und dann auf den so genannten Nettopreis von 156 EUR addieren. Die 16 % Mehrwertsteuer entsprechen aber genau $\frac{16}{100}$, und daher sind 16 % von 156 EUR $\frac{16}{100} \cdot 156$ EUR, also $\frac{16 \cdot 156}{100} = \frac{2496}{100} = 24,96$ EUR. Auf den Nettopreis von 156 EUR muss ich also noch 24,96 EUR schlagen, um den Ladenpreis zu finden. An der Kasse zahle ich deshalb $156 + 24,96 = 180,96$ EUR.

b) Die gleiche Aufgabe kann ich aber auch mit dem Dreisatz angehen. Der Preis von 156 EUR entspricht genau 100 %, denn er soll ja die Gesamtheit darstellen, auf die ich die Mehrwertsteuer schlagen muss. Damit habe ich schon alles für unser vertrautes Dreisatzschema zusammen.

100 % sind 156 EUR.

1 % sind $\frac{156}{100}$ EUR.

16 % sind $\frac{16 \cdot 156}{100}$ EUR.

Sie sehen, das Ergebnis $\frac{16 \cdot 156}{100} = 24,96$ ist das gleiche wie bei der ersten Rechnung, nur die Methode sieht etwas anders aus. Ob Sie nun direkt den Grundwert

© Springer Fachmedien Wiesbaden 2016

T. Rießinger, *Dreisatz, Prozente und Zinsen,* essentials,

DOI 10.1007/978-3-658-15085-3_3

mit dem Bruch multiplizieren oder lieber einen Dreisatz ansetzen, das bleibt ganz Ihnen überlassen; beide Methoden sind richtig und führen zum korrekten Ergebnis.

Je nachdem, welches Buch Sie aufschlagen, wird mal die eine Methode präsentiert, mal die andere, gelegentlich auch alle beide. Natürlich laufen sie beide auf die gleiche Rechnung hinaus und unterscheiden sich nur in der Art, diese Rechnung aufzuschreiben. Will man aber ganz sichergehen und keine Gefahr laufen, einer falschen Schlussweise zu folgen, so kann man sich auch eine Formel merken, die wir hier zwar schon mehrmals benutzt, aber nicht als merkbare Formel notiert haben.

Noch einmal: Was muss ich tun, um aus Grundwert und Prozentsatz den Prozentwert auszurechnen? Im Beispiel eben habe ich den Bruch gebildet, der im Zähler den Prozentsatz 16 und im Nenner die 100 hatte, und diesen Bruch habe ich mit dem Grundwert 156 multipliziert. Dieses Verfahren hatte ich schon im letzten Abschnitt bei den Grundbegriffen der Prozentrechnung eingeführt und in eine kurze Formel gefasst. Der Bruch lautet, etwas ausführlicher geschrieben, $\frac{\text{Prozentsatz}}{100}$, und da ich ihn mit dem Grundwert multiplizieren soll, erhalte ich einen Prozentwert von $\frac{\text{Prozentsatz}}{100} \cdot \text{Grundwert} = \frac{\text{Prozentsatz} \cdot \text{Grundwert}}{100}$.

> Sind der Grundwert und der Prozentsatz gegeben, so berechnet man den Prozentwert nach der Formel
>
> $$\text{Prozentwert} = \frac{\text{Prozentsatz}}{100} \cdot \text{Grundwert} = \frac{\text{Prozentsatz} \cdot \text{Grundwert}}{100}.$$

Eine übersichtliche Formel, leicht anzuwenden und immer einsatzbereit. Testen wir sie noch ein wenig an einigen Beispielen.

Beispiel 3.2

a) Wie viel sind 28 % von 1287? Kein Problem, hier ist Grundwert = 1287 und Prozentsatz = 28, also ergibt sich der Prozentwert

$$\text{Prozentwert} = \frac{28 \cdot 1278}{100} = \frac{35.784}{100} = 357{,}84.$$

b) Machen wir es etwas komplizierter. Was kommt heraus, wenn ich 34.986 um 12 % verringere? Da gibt es zwei Möglichkeiten. Ich kann beispielsweise erst einmal 12 % von 34.986 ausrechnen: Der Prozentsatz beläuft sich auf 12, der Grundwert auf 34.986, also habe ich einen Prozentwert von $\frac{12 \cdot 34.986}{100} = \frac{419.832}{100} = 4198,32$. Viele neigen zu dem Glauben, das Problem sei hier schon gelöst, aber da irren sie. Ich soll doch 34.986 um 12 % reduzieren, muss also den gerade berechneten Wert von meinem Grundwert noch abziehen. Damit erhalte ich das Resultat $34.986 - 4198,32 = 30.787,68$.

Es geht aber auch in einem Schritt. Im letzten Abschnitt hatte ich Sie darauf hingewiesen, dass die Grundgesamtheit, der Grundwert immer und überall genau 100 % entspricht. Wenn ich aber von 100 % wie verlangt 12 % abziehen soll, dann werden 88 % übrig bleiben. Zur Lösung der Aufgabe muss ich deshalb nur 88 % von 34.986 ausrechnen, und schon ist sie erledigt. Das geht aber wieder nach dem üblichen Schema; bei einem Prozentsatz von 88 und einem Grundwert von 34.986 liefert die vertraute Formel einen Prozentwert von $\frac{88 \cdot 34.986}{100} = \frac{3.078.768}{100} = 30.787,68$. Wie Sie so etwas rechnen, ist natürlich egal, Hauptsache es stimmt.

c) Herr Müller bekommt nach langen Verhandlungen ein Angebot von der Personalabteilung seiner Firma. *Entweder* man erhöht sein Gehalt von derzeit 2500 EUR monatlich jetzt um 4 % und nächstes Jahr um 6 % *oder aber* jetzt um 5 % und nächstes Jahr ebenfalls um 5 %. Für welche der beiden Möglichkeiten soll er sich entscheiden? Auf den ersten Blick sieht es so aus, als wäre das ziemlich egal, denn $4 + 6 = 5 + 5 = 10$. Das täuscht aber, das simple Addieren der Prozentsätze verschleiert den wahren Sachverhalt. Und wie findet man den? Natürlich indem man ausrechnet, welches Gehalt Herr Müller am Ende erwarten kann. Nach der ersten Variante soll sein Einkommen jetzt um 4 % erhöht werden, was bei einem Grundwert von 2500 einer Erhöhung von $\frac{4 \cdot 2500}{100} = \frac{10.000}{100} = 100$ EUR entspricht. Folglich verdient er nach der ersten Erhöhung 2600 EUR monatlich. Und auf diese 2600 EUR muss ich dann bei der Erhöhung des nächsten Jahres noch 6 % addieren – aber 6 % von 2600 und nicht mehr von 2500. Die Rechnung nach der üblichen Formel lautet also $\frac{6 \cdot 2600}{100} = \frac{15\,600}{100} = 156$. Immerhin springt jetzt eine Erhöhung um 156 EUR heraus, was zu einem monatlichen Einkommen von $2600 + 156 = 2756$ EUR führt.

Die Perspektiven, die die erste Variante bietet, habe ich damit schon berechnet. Wie sieht es nun mit dem zweiten Vorschlag aus? Die erste Erhöhung liegt bei 5 % von 2500 EUR, und das entspricht $\frac{5 \cdot 2500}{100} = \frac{12.500}{100} = 125$ EUR. Somit liefert die erste Erhöhung Herrn Müller ein monatliches Einkommen von 2625 EUR, das nächstes Jahr noch einmal um 5 % erhöht werden soll. Die zugehörige Rechnung lautet $\frac{5 \cdot 2625}{100} = \frac{13.125}{100} = 131,25$. Die zweite Erhöhung sieht nicht ganz so beeindruckend aus wie die zweite aus der ersten Variante, aber dafür war Herr Müller ja auch schon bei 2625 EUR angelangt, auf die ich diese Erhöhung noch addieren muss. Sein Endgehalt in der zweiten Variante beträgt daher 2756,25 und liegt um 25 Cent über dem Endgehalt des ersten Angebots. Sowohl nach der ersten als auch nach der zweiten Erhöhung ist die zweite Variante etwas günstiger für unseren Herrn Müller, und wofür er sich entscheiden wird, kann man sich leicht vorstellen.

d) Noch ein Beispiel, bei dem die Berechnung des Prozentwertes eingebettet ist in einen etwas aufwendigeren Zusammenhang. Ein Haushalt gibt monatlich 960 EUR für dies und das aus. 52 % davon werden für Lebensmittel verbraucht, 120 EUR werden für Kneipe, Kino und ähnliches ausgegeben, und 27 % der Ausgaben werden für Heizung, Strom, Wasser und Reparaturen veranschlagt. Was bleibt übrig für den monaltlichen Sparvertrag? Bevor Sie jetzt aus diesem frei erfundenen Beispiel falsche Schlüsse über meine Ausgabenpolitik ziehen, rechnen wir die Sache einfach aus. Um zu wissen, was monatlich in den Sparvertrag fließt, muss ich nur nachrechnen, wie hoch die sonstigen Ausgaben sind, und das mache ich, indem ich die Prozentangaben in Euro umrechne. Nach meiner Formel ergibt sich für Lebensmittel $\frac{52 \cdot 960}{100} = 499,20$ und für den Wohnungsunterhalt $\frac{27 \cdot 960}{100} = \frac{25.920}{100} = 259,20$. Zusätzlich muss ich noch die 120 EUR für Vergnügungen einrechnen, was insgeamt zu einem Eurobetrag von $499,20 + 259,20 + 120 = 878,40$ führt. Damit bin ich fast schon am Ziel; aus $960 - 878,40 = 81,60$ folgt, dass der monatliche Sparvertrag mit 81,60 aufgefüllt werden kann.

Prozentwerte haben Sie nun hinreichend viele ausgerechnet, im nächsten Kapitel werde ich den Prozentsatz aufs Korn nehmen.

Prozentsatz 4

Bisher habe ich den Prozentsatz immer als gegeben angenommen und dann ausgerechnet, was er beispielsweise in Euro und Cent konkret zu bedeuten hat. Das muss nicht immer so sein.

Beispiel 4.1

Herrn Meiers Gehalt wurde von 2500 auf 2550 EUR im Monat aufgestockt, das Einkommen von Herrn Schmidt dagegen ist von 2000 auf 2045 EUR gestiegen. Wer hat nun mehr Anlass, sich zu freuen? Was das pure Gehalt angeht, sicher Herr Meier, denn während Schmidts Gehalt sich nur um 45 EUR gesteigert hat, waren es bei Meier glatte 50. Aber andererseits ist Meier ja auch von einem höheren Gehalt ausgegangen als Schmidt; wie sieht die Sache denn aus, wenn man die Erhöhungen in Bezug zu den bisherigen Gehältern setzt? Genau das geschieht zum Beispiel in Tarifverhandlungen, deren Ziel meistens unter anderem eine bestimmte Lohnerhöhung *in Prozent* ist. Dass bei einer generellen Erhöhung um 4 % ein Arbeitnehmer mit 5000 EUR Gehalt 200 EUR Erhöhung bekommt, während die arme Socke mit 1000 EUR Gehalt sich mit 40 EUR bescheiden muss, mag für den schlechter Bezahlten unangenehm sein, aber trotzdem wurden beide gleich behandelt: Jeder hat 4 % mehr bekommen.

Auch bei Meier und Schmidt sollte ich also die prozentuale Erhöhung ausrechnen. Um 50 EUR wurde Meiers Gehalt erhöht, und wie viele Prozent sind das von seinem ursprünglichen Gehalt? Zunächst einmal sind 50 natürlich gerade $\frac{50}{2500}$ von 2500. Und Prozente sind immer Hundertstel, also sollte ich diesen Bruch auf Hundertstel bringen. Das ist nicht schwer, ich muss nur durch 25 kürzen und finde $\frac{50}{2500} = \frac{2}{100} = 2\,\%$. Um 2 % wurde also Meiers Gehalt erhöht. Wie sieht's bei Schmidt aus? Die 45 EUR Erhöhung entsprechen $\frac{45}{2000}$ seines

© Springer Fachmedien Wiesbaden 2016

T. Rießinger, *Dreisatz, Prozente und Zinsen*, essentials,

DOI 10.1007/978-3-658-15085-3_4

Gehaltes, und eine Kürzung mit 20 liefert $\frac{45}{2000} = \frac{2{,}25}{100} = 2{,}25\,\%$. Sehen Sie? Obwohl er in absoluten Zahlen eine geringere Erhöhung erhalten hat als Meier, scheint Schmidt seinem Unternehmen doch etwas wichtiger zu sein, denn seine Gehaltserhöhung belief sich auf $2{,}25\,\%$.

Das Prinzip ist leicht erkennbar. Ich habe den Prozentsatz ausgerechnet, indem ich die Erhöhung durch den Grundbetrag geteilt und den entstehenden Bruch auf Hundertstel gebracht habe. Die Erhöhung war aber der Prozentwert, der Grundbetrag war selbstverständlich der Grundwert, und damit sind wir einer Formel zur Berechnung des Prozentsatzes ganz nah. Noch ein kurzer Blick auf Herrn Meier. Die Rechnung ergab $\frac{50}{2500} = \frac{2}{100} = 2\,\%$. 50 ist der Pozentwert, 2500 der Grundwert, also habe ich den Bruch $\frac{\text{Prozentwert}}{\text{Grundwert}}$ zu betrachten. Der Wert dieses Bruchs beträgt $\frac{2}{100}$, und ich will wissen, wie viel das in Prozent ausmacht. Nun gut, Prozente sind doch nichts anderes als Hundertstel, also sind das genau $2\,\%$, und diese 2 bekomme ich, indem ich $\frac{2}{100}$ mit 100 multipliziere: $\frac{2}{100} \cdot 100 = 2$. Daraus folgt, dass Sie den Prozentsatz ausrechnen können, indem Sie den Bruch $\frac{\text{Prozentwert}}{\text{Grundwert}}$ mit 100 multiplizieren.

Schon wieder eine Formel, die man sich merken kann.

> Sind der Grundwert und der Prozentwert gegeben, so berechnet man den Prozentsatz nach der Formel
>
> $$\text{Prozentsatz} = \frac{\text{Prozentwert}}{\text{Grundwert}} \cdot 100 = \frac{\text{Prozentwert} \cdot 100}{\text{Grundwert}}.$$

Ich teste die neue Formel einmal an Herrn Schmidt. Der Prozentwert beträgt 45 EUR, der Grundwert 2000 EUR, also berechnet sich der Prozentsatz aus $\frac{45 \cdot 100}{2000} = \frac{45}{20} = 2{,}25$. Um $2{,}25\,\%$ erhöht sich sein Gehalt, die Formel stimmt mit unseren Überlegungen von vorhin überein.

Diese Formel ist nicht schwerer als die vorherige Formel zur Berechnung des Prozentwertes, und beide haben den Vorteil, dass man sie bei Klassenarbeiten über Prozentrechnung problemlos auf eine Handfläche schreiben und dann benutzen kann. Sie sich zu merken oder das Prinzip im Kopf zu behalten, auf denen sie beruhen, ist natürlich auch nicht übel. So oder so, ein paar Beispiele sind in jedem Fall angebracht.

Beispiel 4.2

a) Wie viel Prozent einer Strecke von 368 km hat man nach 154,56 km hinter sich gebracht? Klare Sache, 368 ist der Grundwert, 154,56 ist der Prozentwert, also ergibt sich ein Prozentsatz von $\frac{154,56 \cdot 100}{368} = \frac{15.456}{368} = 42$. Der Reisende hat somit 42 % seines Weges geschafft und darf sich bald, beim Überschreiten der 50 %-Marke, darüber freuen, dass er die Hälfte der Strecke erledigt hat.

Sie sehen bei dieser Rechnung aber auch schon ein kleines Problem. Als ich den Prozentwert berechnete, musste ich nur durch 100 dividieren, das geht immer problemlos durch Verschiebung des Kommas um zwei Stellen nach links und macht keinen Aufwand. Jetzt habe ich keine andere Wahl als durch den Grundwert zu teilen, und der kann beliebig krumm sein, je nach Aufgabenstellung. Die Division eben ging noch problemlos auf; das kann aber auch ganz anders aussehen.

b) Bei Gehaltsverhandlungen will sich der Arbeitgeber nicht auf die Forderung seines Mitarbeiters nach einer Erhöhung um 4 % einlassen, sondern bietet ihm an, sein Gehalt von 2147 auf 2240 EUR zu erhöhen. Der Angestellte rechnet nach. Die Gehaltserhöhung, die sich sein Chef vorstellt, soll bei $2240 - 2147 = 93$ EUR liegen. Um nun das Angebot des Chefs mit seinen eigenen Vorstellungen vergleichen zu können, rechnet er es in Prozente um: 93 ist der Prozentwert, 2147 der Grundwert, woraus sich für den Prozentsatz auf die übliche Weise $\frac{93 \cdot 100}{2147} = \frac{9300}{2147}$ ergibt. Zähler und Nenner haben hier allerdings keine nennenswerte Gemeinsamkeit, es gibt rein gar nichts, was ich kürzen könnte. Was bleibt mir also übrig? Ich muss die Divisionsaufgabe 9300:2147 entweder von Hand oder mithilfe eines Taschenrechners durchführen, um eine saubere Dezimalzahl zu erhalten. Mit sehr vielen Stellen nach dem Komma ergibt sich dafür 9300:2147 = 4,3316255239869585468095016302 – wollten Sie das wirklich wissen? Nicht nur, dass noch keine Periodenbildung erkennbar ist, für die Beurteilung des Gehaltsangebots sind derartig viele Stellen nach dem Komma auch völlig sinnlos und ohne jede Aussagekraft. In solchen Fällen wird man daher nach zwei oder drei Nachkommastellen abbrechen und *runden*. Beispielsweise steht in der dritten Stelle nach dem Komma eine 1, die man mit besserem Gewissen weglassen kann als eine 5 oder gar eine 9. Gerundet auf zwei Stellen nach dem Komma beträgt die Erhöhung daher 4,33 %: Ich habe *abgerundet*. Wollen Sie es etwas genauer haben und drei Stellen nach dem Komma betrachten, so müssen Sie einen Blick auf die vierte Nachkommastelle werfen, an der eine 6 steht. Das ist nun schon ein bisschen viel, um es einfach wegzulassen, also werde ich die dritte Stelle aufrunden und erhalte $4,332\,\%$. Je nachdem, ob nach der Stelle, nach der Sie abbrechen möchten, eine Ziffer unter 5 oder ab 5 aufwärts steht, werden Sie also bei solchen krummen Werten abrunden oder *aufrunden*. Wie auch immer der Mitarbeiter aber runden wird: Sein Chef hat sich in jedem Fall vertan, denn sein Angebot liegt deutlich über der Forderung des Mitarbeiters.

Auch hier zeigt sich, dass es ein einfaches Schema gibt, das man zur Berechnung der gesuchten Größe einsetzen kann, und eigentlich könnte ich zum nächsten Punkt übergehen. Nein, noch nicht ganz. Ein Prozentsatz gibt einen Anteil an: $50\,\%$ von irgendetwas oder $28\,\%$ von irgendeiner Gesamtheit. Im Rahmen der Bruchrechnung haben Sie aber sicher schon eine Methode kennengelernt, mit Anteilen zu rechnen, nämlich den Umgang mit Brüchen. Offenbar gibt es da Zusammenhänge, denn Prozente sind immer Hundertstel, und schon betreten die Brüche mit dem Nenner 100 die Bühne. Aber was ist mit den anderen? Nenner gibt es viele, können auch Brüche mit anderen Nennern in Prozentangaben umgerechnet werden? Na sicher.

Beispiel 4.3

Wie vielen Prozenten entspricht $\frac{1}{4}$? Gut, dass wir schon über die Formel zur Berechnung des Prozentsatzes verfügen. $\frac{1}{4}$ ist natürlich $\frac{1}{4}$ von 1, also ist 1 die Grundgesamtheit und $\frac{1}{4}$ ist der Anteil. Mit anderen Worten: 1 ist der Grundwert und $\frac{1}{4}$ der Prozentwert, und niemand kann mich daran hindern, die altbekannte Prozentsatzformel einzusetzen. Danach ergibt:

$$\text{Prozentsatz} = \frac{\frac{1}{4} \cdot 100}{1} = \frac{100}{4} = 25.$$

Der Prozentsatz beläuft sich also auf 25, $\frac{1}{4}$ entspricht genau $25\,\%$. Und wie habe ich das ausgerechnet? Das Teilen durch den Grundwert 1 war ausgesprochen einfach, in Wahrheit musste ich nur den gegebenen Bruch $\frac{1}{4}$ mit 100 multiplizieren. Und das ist ja auch klar, denn schließlich sollte ich $\frac{1}{4}$ in Prozente, also in Hundertstel umrechnen! Selbstverständlich sind $25\,\% = \frac{100}{4}\,\% = \frac{100}{4 \cdot 100} = \frac{1}{4}$, der Faktor 100, den ich in den Zähler hineinmultipliziert habe, kürzt sich beim Übergang zu Hundertsteln wieder heraus. Wann immer Sie also einen Bruch in eine Prozentzahl umrechnen müssen, brauchen Sie Ihren Bruch nur mit 100 zu multiplizieren und schon haben Sie den gesuchten Prozentsatz. Was ist beispielsweise $\frac{1}{3}$, gerechnet in Prozenten? Wir haben $\frac{1}{3} \cdot 100 = \frac{100}{3} = 33,\overline{3}$, also gilt $\frac{1}{3} = 33,\overline{3}\,\%$. Und $\frac{4}{5}$? Das gleiche Spiel, es gilt $\frac{4}{5} \cdot 100 = \frac{400}{5} = 80$, und daher ist $\frac{4}{5} = 80\,\%$.

Die Umrechnung von Brüchen fasse ich noch kurz zusammen, und dann wende ich mich der Berechnung des Grundwertes zu.

Einen Bruch $\frac{a}{b}$ rechnet man in eine Prozentzahl um, indem man ihn mit 100 multipliziert. Es gilt also $\frac{a}{b} = \frac{100a}{b}\,\%$.

Grundwert 5

Die Berechnung sowohl des Prozentwertes als auch des Prozentsatzes haben sich als überschaubar herausgestellt. Sollte das beim Grundwert anders werden? Das ist kaum zu erwarten.

Beispiel 5.1

Reden wir wieder mal über Geld. In Firmen ist es machmal üblich, dass per Arbeitsvertrag die Mitarbeiter mit ihren Kollegen nicht über ihr Gehalt reden dürfen. Natürlich hält sich kein Mensch daran, und es gibt auch Möglichkeiten, dieses Verbot elegant zu umgehen. Nehmen wir beispielsweise an, Mitarbeiter Müller hat bei einer Gehaltserhöhung um 2 % jetzt monatlich 42 EUR mehr als vorher: Das darf er seinen Kollegen mitteilen, denn das ist ja nicht sein Gehalt, sondern nur die Erhöhung. Aber natürlich kann man jetzt sein altes und sein neues Gehalt ausrechnen. Die 42 EUR entsprechen 2 % seines bisherigen Gehaltes, also ist 2 der Prozentsatz, 42 der Prozentwert und sein bisheriges Gehalt ist der Grundwert, über den er nicht sprechen darf. Schadet aber nichts, hier können sich seine Kollegen mit dem Dreisatz behelfen. Das Schema lautet:

2 % entsprechen 42 EUR.

1 % entspricht $\frac{42}{2}$ EUR.

100 % entsprechen $\frac{42}{2} \cdot 100$ EUR.

Schon ist es erledigt. Mitabeiter Müller hat bisher $\frac{4200}{2} = 2100$ EUR verdient, und nach der gewaltigen Erhöhung bekommt er 2142 EUR pro Monat. Ich will es ihm gerne gönnen, denn seine Gehaltserhöhung hat mir eine Formel zur Berechnung des Grundwertes verschafft.

© Springer Fachmedien Wiesbaden 2016
T. Rießinger, *Dreisatz, Prozente und Zinsen*, essentials,
DOI 10.1007/978-3-658-15085-3_5

Das Prinzip war einfach genug, weil mir der Dreisatz zur Verfügung stand. Ich habe nur den Prozentwert – das waren die 42 – durch den Prozentsatz – das waren die 2 – geteilt und am Ende mit 100 multipliziert, das ergab den Grundwert.

Sind der Prozentsatz und der Prozentwert gegeben, so berechnet man den Grundwert nach der Formel

$$\text{Grundwert} = \frac{\text{Prozentwert}}{\text{Prozentsatz}} \cdot 100 = \frac{\text{Prozentwert} \cdot 100}{\text{Prozentsatz}}.$$

Sobald Sie also Prozentsatz und Prozentwert kennen, ist es nicht schwer, den Grundwert auszurechnen; Sie müssen nur die entsprechende kurze Formel im Kopf oder auf der Handfläche haben. Vorsichtshalber sehen wir uns aber doch noch zwei Beispiele an.

Beispiel 5.2

a) In einer Klassenarbeit haben 5 Schüler die Note 1 erzielt, das waren immerhin $16,\overline{6}\,\%$. Aus wie vielen Schülern besteht die Klasse? Der Prozentwert ist 5, der Prozentsatz $16,\overline{6} = 16\frac{2}{3}$. Dann ergibt die Formel einen Grundwert von

$$\frac{5}{16\frac{2}{3}} \cdot 100 = \frac{500}{16\frac{2}{3}} = \frac{500}{\frac{50}{3}} = 500 \cdot \frac{3}{50} = \frac{500 \cdot 3}{50} = 30.$$

Ich erhalte also einen Grundwert von 30, und das heißt, dass die Klasse aus 30 Schülern besteht.

Ich verschweige Ihnen nicht, dass kaum jemand hier die Bruchrechnung einsetzen würde, auch wenn sie die sauberste Art ist, das Problem anzugehen. Oft wird bei solchen Aufgaben der Taschenrechner eingesetzt, der einem den Umgang mit Brüchen erspart, weil er ohnehin nur Deziamzahlen kennt. Die Dezimalzahl $16,\overline{6} = 16,666\ldots$ kann sicher niemand in einen Taschenrechner eingeben, man beschränkt sich dann auf ein paar Stellen nach dem Komma wie zum Beispiel $16,666666$. Damit lautet die Berechung des Grundwertes auf dem Taschenrechner:

$$\frac{5}{16,666666} \cdot 100 = \frac{500}{16,666666} = 30,000001,$$

wobei das Ergebnis der Division vom Taschenrechner geliefert wird. Nun haben sie aber mit einem etwas zu kleinen Wert im Nenner gerechnet, denn es wurden nur sechs Nachkommastellen verwertet. Also wird das Divisionsergebnis auch ein klein wenig zu groß sein, weil ich durch etwas weniger geteilt habe als der genaue Prozentsatz vorgab. Das macht aber nichts, niemand wird in einer Klasse $30,000001$ Schüler erwarten. Natürlich sind es 30 Schüler, die man durch eine leichte Abrundung erhält, sodass auch der Einsatz des Taschenrechners zum korrekten Ergebnis führt.

b) Eine Handwerkerrechnung einschließlich Mehrwertsteuer beläuft sich auf 1392 EUR. Wie hoch wäre bei einem Mehrwertsteuersatz von 16 % die Rechnung auf der Basis von Schwarzarbeit, also ohne Mehrwertsteuer gewesen? Auch nicht schwer. Der gesuchte Grundwert ist der Betrag der reinen Handwerkerrechnung, ohne die 16 % Mehrwertsteuer. Da der Grundwert 100 % entspricht und 16 % Mehrwertsteuer dazuaddiert wurden, entsprechen die 1392 EUR gerade 116 % des Grundwertes. Jetzt habe ich alles, der Prozentsatz ist 116, der Prozentwert 1392. Damit berechne ich den Grundwert $\frac{1392 \cdot 100}{116} = 1200$. Die Rechnung ohne Mehrwertsteuer ergibt daher 1200 EUR.

Sie haben jetzt jede der möglichen Varianten gesehen, die Ihnen begegnen kann. Zwei der drei Größen Prozentsatz, Prozentwert, Grundwert muss man Ihnen in der einen oder anderen Form zur Verfügung stellen, und mit den Methoden, die wir hier besprochen haben, ist es dann nicht mehr schwer, die dritte auszurechnen. Trotzdem sind wir mit dem Thema noch nicht ganz fertig, denn es gibt eine wichtige Anwendung der Prozentrechnung, die ich bisher noch nicht erwähnt hatte: die Zinsrechnung, der Sie bei jedem Kredit und bei jedem Sparvertrag begegnen.

Zinsen 6

Angenehm sind die Zinsen, die man bekommt, unangenehm sind die Zinsen, die man bezahlen muss. Beides kommt vor. Wenn Sie Geld in einem Sparvertrag anlegen, dann wird vermutlich Jahr für Jahr eine gewisse *Verzinsung* Ihres eingesetzten Geldes stattfinden, und diese Zinsen sind es, die Ihren Gewinn darstellen. Sollten Sie dagegen einen Kredit aufnehmen, weil Sie eine Wohnung kaufen oder Ihr Haus renovieren, wird die Bank jedes Jahr einen gewissen Betrag an Zinsen von Ihnen verlangen: Diese Zinsen bekommen Sie nicht, die müssen Sie bezahlen, und die Grundgröße, nach der sich die Zinsen berechnen, ist die aufgenommene Kreditsumme. Aber nicht nur. Sowohl bei den Sparzinsen, die man Ihnen auszahlt, als auch bei den Kreditzinsen, mit denen man Sie aussaugt, braucht man noch die Angabe eines Prozentsatzes, der Sie darüber aufklärt, wie viel Prozent Ihres eingesetzten Kapitals am Jahresende als Zinsen ausgezahlt oder wie viel Prozent der aufgenommenen Kreditsumme jährlich von Ihrem Konto abgebucht werden.

Hier gibt es offenbar einen starken Bezug zur Prozentrechnung, den ich noch einmal kurz am Beispiel der Sparzinsen beleuchten möchte. Wenn Sie Ihrer Bank 10.000 EUR geben und man Ihnen 3 % Zinsen zusagt, dann werden Sie nach einem Jahr $\frac{3 \cdot 10.000}{100} = 300$ EUR Zinsen kassieren, das ist besser als gar nichts. Die 10.000 stellt in dieser Rechnung den Grundwert dar, die 3 den Prozentsatz und die 300 den Prozentwert. Sie werden aber keinen Bankangestellten finden, der von Grundwerten, Prozentsätzen und Prozentwerten spricht; beim Geld haben sich andere Bezeichnungen durchgesetzt. Das Geld, das Sie einsetzen, ist Ihr *Kapital,* der Prozentsatz, nach dem sich Ihre Zinsen berechnen, ist der *Zinssatz,* und was dabei herauskommt, der Prozentwert, wird natürlich als *Zinsen* bezeichnet.

© Springer Fachmedien Wiesbaden 2016
T. Rießinger, *Dreisatz, Prozente und Zinsen,* essentials,
DOI 10.1007/978-3-658-15085-3_6

Den Grundbegriffen der Prozentrechnung entsprechen in der Zinsrechnung die folgenden Begriffe:
Kapital = Grundwert, Zinssatz = Prozentsatz, Zinsen = Prozentwert.

Die Zinsrechnung in ihrer einfachsten Form stellt also überhaupt nichts Neues dar, sie versieht nur die alten Rechenwege mit neuen Namen. Dementsprechend sehen auch die Formeln, die wir uns in den letzten drei Abschnitten überlegt haben, ganz genauso aus, wenn man sie auf die Zinsrechnung überträgt; der einzige Unterschied ist der, dass die Größen anders heißen. Wie man Zinsen, Zinssätze und Kapitalien ausrechnet, muss ich daher nicht mehr ausführlich besprechen, denn das haben wir schon alles im Zusammenhang mit der Prozentrechnung erledigt, nur unter anderen Namen. Im Folgenden werde ich deshalb die drei grundlegenden Formeln der Zinsrechnung zusammenstellen, die genau unseren drei Grundformeln der Prozentrechnung entsprechen.

Es bestehen die folgenden Zusammenhänge:

$$\text{Zinsen} = \frac{\text{Zinssatz}}{100} \cdot \text{Kapital} = \frac{\text{Zinssatz} \cdot \text{Kapital}}{100},$$

$$\text{Zinssatz} = \frac{\text{Zinsen}}{\text{Kapital}} \cdot 100 = \frac{\text{Zinsen} \cdot 100}{\text{Kapital}},$$

$$\text{Kapital} = \frac{\text{Zinsen}}{\text{Zinssatz}} \cdot 100 = \frac{\text{Zinsen} \cdot 100}{\text{Zinssatz}}.$$

Ich sage es noch einmal: Das sind genau die gleichen Formeln wie bei der Prozentrechnung, und man erhält sie, indem man die Grundbegriffe der Zinsrechnung den entsprechenden Begriffen der Prozentrechnung zuordnet. Sehen wir uns für das Ganze Beispiele an.

Beispiel 6.1

a) Ein Sparer legt 5.000 EUR für ein Jahr zu einem Zinssatz von 2,7 % an. Wie viele Zinsen erhält er am Ende des Jahres? Ein klarer Fall, hier ist der Zinssatz von 2,7 und das Kapital von 5.000 gegeben und ich muss die Zinsen ausrechnen. Sie betragen $\frac{2,7 \cdot 5.000}{100} = 2,7 \cdot 50 = 135$ EUR. Wie Sie sehen, ist das genau die gleiche Vorgehensweise wie bei der reinen Prozentrechnung, inhaltlich ist nichts Neues dazugekommen.

b) Ein Bauherr hat einen Kredit in Höhe von $2\,50.000\,\text{EUR}$ aufgenommen und musste dafür im ersten Jahr $9500\,\text{EUR}$ an Zinsen bezahlen. Wie hoch war der Zinssatz? Das kann Ihnen nur ein müdes Lächeln entlocken: Sie kennen das Kapital und die Zinsen und berechnen den Zinssatz ganz einfach nach der Formel für den Zinssatz. Sie liefert $\frac{9500 \cdot 100}{2.50.000} = \frac{95}{25} = \frac{19}{5} = 3{,}8$. Die Kreditzinsen betragen daher $3{,}8\,\%$ pro Jahr.

c) Das Finanzamt erfährt, dass Herr Meier für sein bei einer Bank eingesetztes Kapital bei einer Verzinsung von $3\,\%$ immerhin $2550\,\text{EUR}$ an Zinsen kassiert hat und möchte gern wissen, welches Kapital zu diesen Zinsen geführt hat – man kann ja nie wissen, ob es nicht wieder mal eine Vermögenssteuer gibt und möchte vorbereitet sein. Dem Amt kann geholfen werden, denn auch für das Kapital hält die Zinsrechnung eine Formel bereit. Mit einem Zinssatz von 3 und Zinsen in Höhe von 2550 kann sich Herr Meier über ein Kapital von $\frac{2550 \cdot 100}{3} = \frac{850 \cdot 100}{1} = 85.000\,\text{EUR}$ freuen.

Drei Beispiele zu den drei Grundformeln der Zinsrechnung, die deutlich zeigen, dass es sich dabei um nichts anderes handelt als um eine anders formulierte Prozentrechnung. Nun geht es aber hier um Geld und sonst um nichts, und deshalb kommt hier noch eine Besonderheit hinzu: die Laufzeit. Bisher habe ich beispielsweise ausgerechnet, wie viel eine Geldanlage bei diesem oder jenem Zinssatz einbringt, wenn ich mir mein Geld nach einem Jahr glücklicher Verzinsung wieder abhole. Aber was passiert, wenn ich einfach alles liegen lasse und die Verzinsung weiter läuft? Und was wird mir die Bank berechnen, wenn mein aufgenommener Kredit zwar mit einem bestimmten Jahreszinssatz geschlagen ist, ich ihn aber nur für ein halbes Jahr brauche oder gar nur für einen Monat? Beiden Fragen will ich jetzt nachgehen. Sehen wir uns zuerst an, was mit länger angelegtem Geld geschieht.

Beispiel 6.2

Eine Summe von $10.000\,\text{EUR}$ wird mit einer Verzinsung von $4\,\%$ zwei Jahre lang angelegt. Nach einem Jahr sind natürlich Zinsen angelaufen, die ich wie üblich berechnen kann; sie betragen $\frac{4 \cdot 10.000}{100} = 400\,\text{EUR}$. Nun hat der Anleger nach einem Jahr aber überhaupt keine Bedürfnisse, er braucht das Geld nicht und lässt die Zinsen auf seinem Konto liegen. Somit müssen jetzt nicht mehr nur $10.000\,\text{EUR}$, sondern sogar $10.400\,\text{EUR}$ verzinst werden, und zwar wieder zu $4\,\%$. Das ergibt $\frac{4 \cdot 10.400}{100} = 416$. Im zweiten Jahr erhält mein Anleger also nicht nur $400\,\text{EUR}$ an Zinsen, sondern 416, weil er die Zinsen des ersten Jahres stehen ließ und deshalb auch diese Zinsen des ersten Jahres im zweiten Jahr mitverzinst wurden. Am Ende des zweiten Jahres darf er sich folglich über insgesamt 10.816 EUR freuen.

Wie wäre die Lage, wenn er das Geld zu den gleichen Konditionen ein weiteres Jahr liegen lässt? Das kann Sie nicht mehr schrecken, natürlich muss in diesem Fall das gesamte bis dahin aufgelaufene Kapital mit 4 % verzinst werden mit dem Resultat $\frac{4 \cdot 10816}{100} = 432,64$. Nach drei Jahren darf man also mit 432,64 Zinsen rechnen, und das gesamte Kapital beläuft sich dann auf 11.248,64 EUR.

Sobald Sie zu gleichbleibenden Konditionen Ihr Geld länger auf der Bank lassen und die jeweils angefallenen Zinsen nicht anrühren, sondern ebenfalls verzinsen lassen, werden die immer wieder entstehenden Zinsen immer etwas höher sein als beim letzten Mal, weil auch die alten Zinsen im neuen Jahr mitverzinst werden. So etwas nennt man den *Zinseszinseffekt*. Er tritt auf, wenn Sie angefallene Zinsen selbst wieder der Verzinsung unterwerfen.

> Wird ein Kapital auf einem Sparkonto mehrere Jahre hintereinander verzinst, wobei die jedes Jahr anfallenden Zinsen auf dem Konto verbleiben, so werden die jeweils angefallenen Zinsen ebenfalls verzinst. In diesem Fall spricht man von Zinseszins.

Man könnte auf die Idee verfallen, das erste angefallene Problem sei damit bereits gelöst: Verzinsen Sie einfach neben dem Kapital auch die angefallenen Zinsen, und alle sind zufrieden. Das stimmt auch, aber ganz zufriedenstellend ist dieser Stand der Dinge nicht. Bisher hatte ich Ihnen immer handliche Formeln angeboten, in die man nur noch die nötigen Zahlenwerte einsetzen musste, um zum gewünschten Ergebnis zu gelangen. Hier aber nicht, jedenfalls bisher nicht. Werfen wir also noch einen genaueren Blick auf das bereits besproche Beispiel.

Beispiel 6.3

Der Betrag von 10.000 EUR soll mit einer Verzinsung von 4 % für mehrere Jahre angelegt werden, wobei die erzielten Zinsen nicht abgehoben, sondern schlicht auf dem Konto belassen werden, damit sie ihrerseits im nächsten Jahr Zinsen bringen – so hatten wir es gerade gemacht. Sie haben gesehen, dass dann nach einem Jahr $\frac{4 \cdot 10.000}{100} = 400$ EUR an Zinsen anfallen und Sie sich über ein Gesantkapital von 10.400 EUR freuen können, die nun im zweiten Jahr verzinst werden sollen. Anders gesagt: Ihr altes Kapital lag bei 10.000 EUR, Ihr neues beträgt $10.000 + \frac{4 \cdot 10.000}{100}$ EUR. Nun kann ich aber mein altes Kapital als

Kapital$_0$ und mein neues Kapital als Kapital$_1$ bezeichnen, weil das alte genau 0 Jahre verzinst war, während das neue für 1 Jahr auf der Bank lag. Und die 4, die da in der Formel vorkommt, war natürlich der Zinssatz. Jetzt habe ich alles zusammen, um die Formel etwas anders zu schreiben, indem ich die konkreten Werte durch die neuen Abkürzungen ersetze. Das ergibt:

$$\text{Kapital}_1 = \text{Kapital}_0 + \frac{\text{Zinssatz} \cdot \text{Kapital}_0}{100}.$$

Um das noch etwas handlicher zu fassen, muss ich noch einmal auf die Zahlenwerte zurückkommen, aus denen ich diese Formel abgeleitet hatte. Sie erinnern sich: Das Kapital nach einem Jahr beträgt $10.000 + \frac{4 \cdot 10.000}{100}$, also genau 10.400 EUR. Wenn ich aber beachte, dass die 10.000 einmal nur so dasteht, gewissermaßen als $10.000 \cdot 1$, und einmal mit dem Faktor $\frac{4}{100}$ multipliziert wird, dann kann ich es auch einmal damit versuchen, diese 10.000 gleich mit der Summe aus 1 und $\frac{4}{100}$ zu multiplizieren in der Hoffnung, das gleiche Resultat zu erzielen. Und tatsächlich finden Sie sofort:

$$10.000 \cdot \left(1 + \frac{4}{100}\right) = 10.000 \cdot 1{,}04 = 10.400,$$

genau wie zuvor. Ich muss also mit meinem Grundkapital gar nicht zweimal rechnen, es genügt vollauf, es mit der Summe aus 1 und $\frac{4}{100}$ zu multiplizieren, um das neue Kapital zu berechnen. Überträgt man das nun in eine allgemeine Formel, so ergibt sich:

$$\text{Kapital}_1 = \text{Kapital}_0 \cdot \left(1 + \frac{\text{Zinssatz}}{100}\right).$$

Sie brauchen nur einmal die Werte des Beispiels in diese Formel einzusetzen, um festzustellen, dass sie genau dem entspricht, was ich Ihnen erzählt habe.

Das ist aber noch nicht alles. Bisher lag das Kapital erst ein Jahr lang herum und konnte mit dem angegebenen Zinssatz verzinst werden. Wie ist ist die Lage, wenn ich das neue Kapital$_1$ ein weiteres Jahr zu den gleichen Konditionen anlege? Das ist jetzt leicht. Das Kapital heißt jetzt zwar Kapital$_1$, aber es ist dennoch einfach nur ein Kapital wie jedes andere auch, das für ein Jahr auf einem Konto liegen soll. Deshalb gilt für das Kapital$_2$, das ich nach einem weiteren Jahr erhalte, nach der oben abgeleiteten Formel

$$\text{Kapital}_2 = \text{Kapital}_1 \cdot \left(1 + \frac{\text{Zinssatz}}{100}\right).$$

Schon mal ganz gut, aber eigentlich wäre ich gerne in der Lage, dieses neue Kapital aus dem Ursprungswert Kapital_0 auszurechnen. Das ist in Wahrheit kein Problem, denn für Kapital_1 darf ich ohne Zögern die bereits berechnete Formel einsetzn und erhalte:

$$\text{Kapital}_2 = \text{Kapital}_0 \cdot \left(1 + \frac{\text{Zinssatz}}{100}\right) \cdot \left(1 + \frac{\text{Zinssatz}}{100}\right).$$

Ich behaupte gar nicht, dass das schön aussieht, und spätestens dann, wenn Sie die Geschichte drei Jahre lang laufen lassen und zu der Formel

$$\text{Kapital}_3 = \text{Kapital}_0 \cdot \left(1 + \frac{\text{Zinssatz}}{100}\right) \cdot \left(1 + \frac{\text{Zinssatz}}{100}\right) \cdot \left(1 + \frac{\text{Zinssatz}}{100}\right)$$

gelangen, werden Sie sich fragen, ob man das nicht etwas kompakter schreiben kann. Das kann man wirklich, und dazu braucht man die sogenannte Potenzschreibweise. Die Idee ist ganz einfach. Anstatt beispielsweiese $2 \cdot 2$ schreibt man kürzer 2^2, ausgesprochen „Zwei hoch zwei". Anstatt $2 \cdot 2 \cdot 2$ schreibt man schlicht 2^3, ausgesprochen „Zwei hoch drei". Die sogenannte Hochzahl entspricht dabei einfach der Anzahl der Faktoren der immer gleichen Zahl, die hier einige Male hintereinander mit sich selbst multipliziert werden soll. Und damit kann ich meine bisherigen Formeln umschreiben zu:

$$\text{Kapital}_2 = \text{Kapital}_0 \cdot \left(1 + \frac{\text{Zinssatz}}{100}\right)^2 \text{ und } \text{Kapital}_3 = \text{Kapital}_0 \cdot \left(1 + \frac{\text{Zinssatz}}{100}\right)^3.$$

Sie sehen, dass die Hochzahl genau der Anzahl der Jahre entspricht, die ich als Verzinsungszeitraum zugrunde gelegt habe, und das kann ich jetzt in einer griffigen Formel zusammenfassen.

> Wird ein Kapital_0 auf einem Sparkonto mehrere Jahre hintereinander mit dem gleichen Zinssatz verzinst, wobei die jedes Jahr anfallenden Zinsen auf dem Konto verbleiben, so beläuft sich das angesparte Kapital nach n Jahren auf
>
> $$\text{Kapital}_n = \text{Kapital}_0 \cdot \left(1 + \frac{\text{Zinssatz}}{100}\right)^n.$$

Damit sehen Sie die Fornel für die Berechnung von Zinseszinsen in ihrer allgemeinen Form vor sich, und mir bleibt nur noch, Ihnen ein kleines Zahlenbeispiel zu zeigen.

Beispiel 6.4

Ein Kapital von 10.000 EUR soll fünf Jahre lang mit einem jährlichen Zins von 2 % verzinst werden, wobei die jeweils anfallenden Zinsen auf dem Konto verbleiben und ebenfalls verzinst werden sollen. Dann ist

$$\text{Kapital}_5 = 10.000 \cdot \left(1 + \frac{2}{100}\right)^5 = 10.000 \cdot 1{,}02^5 = 10.000 \cdot 1{,}10408 = 11.040{,}80.$$

Das Endkapital beträgt somit 11.040,80 EUR.

Ich gebe zu, dass ich hier auf spätere Themen wie Ausklammern und sogar Potenzrechnung vorgreifen musste, aber das war hier leider unvermeidbar. Für den Fall, dass Sie dieses Dinge etwas genauer kennenlernen möchten, darf ich hier auf mein Buch „Gleichungen, Umformungen, Terme" verweisen, in dem all diese und noch viele andere Probleme ausführlich besprochen werden.

Wenden wir uns nun dem zweiten angesprochenen Problem zu. Ich hatte die Frage aufgeworfen, was man tun soll, wenn sich beispielsweise der Zinssatz für einen Kredit auf ein ganzes Jahr bezieht, der Kredit selbst aber nur für ein halbes Jahr oder einen Monat gebraucht wird. Auch das werden wir gleich haben.

Beispiel 6.5

Ein Kredit über 10.000 EUR wird mit einem Jahreszins von 6 % belastet, soll aber nur ein halbes Jahr lang laufen. Der Gedanke liegt nahe, dass dann auch nur die halben Zinsen zu bezahlen sind, und mit diesem Gedanken ist das Problem eigentlich auch schon gelöst. 6 % von 10.000 EUR sind 600 EUR, die für ein Jahr zu bezahlen wären, und da es nur um ein halbes Jahr geht, zahlt man eben die Hälfte, also 300 EUR.

So weit, so gut. Wie sieht es nun aus bei zwei, drei oder sieben Monaten Laufzeit? Das geht natürlich auch nicht anders, und solange man monatsgenau rechnet, ist es sinnvoll, erst einmal auf einen Monat herunterzurechnen und dann mit der Anzahl der Monate zu multiplizieren. Erinnert Sie das an etwas? Genau, das ist wieder einmal der Dreisatz, den Sie am Anfang kennengelernt haben. Ausgerechnet habe ich bereits die Jahreszinsen in Höhe von 600 EUR. Das Dreisatzschema für eine Kreditlaufzeit von sieben Monaten lautet dann:

Für 12 Monate sind 600 EUR an Zinsen zu bezahlen.

Für 1 Monat sind $\frac{600}{12}$ EUR an Zinsen zu bezahlen.

Für 7 Monate sind $\frac{600 \cdot 7}{12}$ EUR an Zinsen zu bezahlen.

Schon ist es passiert, und da $\frac{600 \cdot 7}{12} = 50 \cdot 7 = 350$ ist, ergibt sich eine Zinsbelastung von 350 EUR.

Eigentlich ist gar nicht viel passiert. Zuerst habe ich die Jahreszinsen nach der üblichen Formel ausgerechnet, das waren 600 EUR. Anschließend habe ich, da ein Jahr aus 12 Monaten besteht, durch 12 geteilt und dann mit der Anzahl der zur Diskussion stehenden Monate multipliziert. Natürlich können Sie das immer und überall auf diese Weise durch Einsatz des Dreisatzes erledigen. Falls Sie aber eine kompakte Formel vorziehen, in die Sie nur noch ein paar Zahlen einsetzen müssen, will ich Ihnen die passende Formel nicht vorenthalten. Sie ist einfach genug. Die Zinsen für das gesamte Jahr kann ich wie immer nach der Formel $\text{Zinsen} = \frac{\text{Zinssatz} \cdot \text{Kapital}}{100}$ ausrechnen. Diese Jahreszinsen muss ich dann aber nur noch durch 12 teilen und dann mit der Anzahl der Monate multiplizieren. Das Teilen durch 12 liefert nach den Regeln der Bruchrechnung den Wert $\frac{\text{Zinssatz} \cdot \text{Kapital}}{100} : 12 = \frac{\text{Zinssatz} \cdot \text{Kapital}}{12 \cdot 100}$. Den Zeitraum, über den mein Kreditvertrag laufen soll, also die Anzahl der Monate, bezeichne ich mit dem Buchstaben m. Da ich mit der Anzahl der Monate multiplizieren muss, erhalte ich also die Zinsen durch die Formel $\frac{\text{Zinssatz} \cdot \text{Kapital} \cdot m}{12 \cdot 100}$.

> Wird ein Kapital zu einem bestimmten jährlichen Zinssatz für einen Zeitraum von m Monaten verzinst, so berechnen sich die Zinsen nach der Formel
>
> $$\text{Zinsen} = \frac{\text{Zinssatz} \cdot \text{Kapital} \cdot m}{12 \cdot 100}.$$

Ohne Frage eine recht lange Formel, aber zum Glück leicht anwendbar.

Beispiel 6.6

a) Ein Darlehen in Höhe von 15.000 EUR, das jährlich mit 8 % verzinst wird, soll nach 5 Monaten zurückgezahlt werden. Welche Zinsen fallen insgesamt an? Bekannt sind hier das Kapital, der Zinssatz und die Anzahl der Monate. Also ergeben sich die Zinsen sofort aus $\frac{8 \cdot 15.000 \cdot 5}{12 \cdot 100} = \frac{8 \cdot 150 \cdot 5}{12} = \frac{2 \cdot 50 \cdot 5}{1} = 500$. Der Kreditnehmer muss 500 EUR Zinsen bezahlen.

b) Natürlich kann der Sachverhalt auch etwas komplizierter sein, das ändert aber nichts am Prinzip. Stellen Sie sich vor, Sie müssen für irgendeine Anschaffung etwas Geld ansparen und haben zu diesem Zweck ein Konto mit einer jährlichen

Verzinsung von 3 % angelegt. Gleich am Jahresanfang zahlen Sie 400 EUR auf das Konto ein. Nach zwei Monaten schenkt Ihnen Ihre Tante 200 EUR zum Geburtstag, die ebenfalls auf dem Konto landen, und nach weiteren drei Monaten kommen noch 300 EUR dazu, die Sie auf dem Speicher gefunden haben. Wie viele Zinsen erhalten Sie am Ende des Jahres? Da die drei Beträge verschieden lange auf dem Konto liegen, muss ich auch die Zinsen einzeln ausrechnen. Am einfachsten geht das mit den ersten 400 EUR, denn die liegen ganz ordentlich ein ganzes Jahr auf dem Konto und bringen daher $\frac{3 \cdot 400}{100} = 12$ EUR Zinsen. Die 200 EUR von Ihrer Tante kamen zwei Monate später und haben daher nur noch zehn Monate Zeit, Zinsen zu tragen. Nach der monatsgenauen Formel ergibt das $\frac{3 \cdot 200 \cdot 10}{12 \cdot 100} = \frac{2 \cdot 10}{4} = 5$, ein eher schwaches Ergebnis, aber immerhin, auch 5 EUR Zinsen sind Geld, das man erst mal haben muss. Und die 300 EUR, die auf Ihrem Speicher herumlagen, werden nur sieben Monate lang Ihr Konto aufstocken, woraus ein Zinsbetrag von $\frac{3 \cdot 300 \cdot 7}{12 \cdot 100} = \frac{3 \cdot 7}{4} = 5,25$ resultiert. Insgesamt werden Sie also einen Zinsertrag von $12 + 5 + 5,25 = 22,25$ EUR erzielen, und zusammen mit dem eingesetzten Kapital stehen Ihnen am Ende 922,25 EUR zur Verfügung.

Monatsgenaue Zinsen sind also leicht auszurechnen. Die Finanzwelt ist aber recht hektisch, die kleinste Zeiteinheit ist hier nicht der Monat, wahrscheinlich nicht einmal der Tag, denn manchmal geht es an den Börsen um Minuten oder gar Sekunden. Dieser Hektik will ich mich aber nicht anschließen. Üblicherweise geht man weder bei Krediten noch bei Geldanlagen zu niedrigeren Laufzeiten als einem Tag über, weshalb ich mich jetzt noch mit der tagesgenauen Verzinsung befassen werde. Die liefert aber, was die prinzipielle Vorgehensweise angeht, nichts Neues mehr, man braucht nur eine kleine Information über die Denkweise von Bankkaufleuten.

Beispiel 6.7

Wie hoch sind bei einem Kredit über 10.000 EUR, der mit einem Jahreszins von 6 % belastet wird, die täglichen Zinsen? Nun ja, bei monatlichen Zinsen habe ich auf einen Monat heruntergerechnet, indem ich die Jahreszinsen durch 12 geteilt habe, und man sollte denken, dass man bei Tageszinsen durch 366 oder durch 365 teilt, je nachdem, ob ein Schaltjahr vorliegt oder nicht. Das ist den Banken aber zu schwierig, schon durch 365 wollen sie nicht dividieren, und sich zwischen zwei Divisoren entscheiden zu müssen, ist ihnen ein Greuel. Man hat sich deshalb weltweit in der Bankenwelt darauf geeinigt, dass ein Jahr zwar immer noch 12 Monate hat, aber jeder Monat nur aus 30 Tagen besteht, was dazu führt, dass ein Bankenjahr nur 360 Tage aufweist. Darüber brauchen wir nicht zu diskutieren, das ist einfach so, fragen Sie Ihre Bank. Für das Problem der Tageszinsen hat das die einfache Konsequenz, dass man die Jahreszinsen nicht durch 365 oder 366 teilt, sondern immer durch 360. Da mein Kredit mir jährlich 600 EUR Zinsen abverlangt, habe ich also tägliche Zinsen von $\frac{600}{360}$ EUR, also von $1,\overline{6}$ EUR. Ob die Bank daraus nun 1,66 EUR oder zu meinen Lasten $1,67$ macht, überlasse ich ihrem Wohlwollen.

Tagesgenaue Zinsen erhalten Sie also, indem Sie die Jahreszinsen durch 360 teilen. Und wenn es nun um 17 oder um 23 Tage geht? Dann werden Sie eben die ermittelten Tageszinsen mit der Anzahl der Tage multiplizieren; das läuft genauso wie bei den Monatszinsen. Den Zeitraum, über den mein Kreditvertrag laufen soll, also die Anzahl der Tage, bezeichne ich mit dem Buchstaben t. Da ich mit der Anzahl der Tage multiplizieren muss, erhalte ich dann die Zinsen durch die Formel $\frac{\text{Zinssatz} \cdot \text{Kapital} \cdot t}{360 \cdot 100}$.

> Wird ein Kapital zu einem bestimmten jährlichen Zinssatz für einen Zeitraum von t Tagen verzinst, so berechnen sich die Zinsen nach der Formel
>
> $$\frac{\text{Zinssatz} \cdot \text{Kapital} \cdot t}{360 \cdot 100}.$$

Ein Beispiel noch, dann habe ich genug verzinst.

Beispiel 6.8

Ein Darlehen in Höhe von 18.000 EUR, das jährlich mit 8 % verzinst wird, soll bereits nach 20 Tagen zurückgezahlt werden. Welche Zinsen fallen innerhalb dieser 20 Tage an? Bekannt sind das Kapital, der Zinssatz und die Anzahl der Tage. Also ergeben sich die Zinsen aus $\frac{8 \cdot 18.000 \cdot 20}{360 \cdot 100} = \frac{8 \cdot 50 \cdot 20}{100} = \frac{8.000}{100} = 80$. Der Kreditnehmer muss für lächerliche 20 Tage 80 EUR Zinsen bezahlen. Auch die Zinsen für ein paar Tage können schon weh tun, und wenn Sie bedenken, dass die Überziehungszinsen für ein Girokonto in aller Regel deutlich über 10 % liegen, dann werden Sie sich jede Kontoüberziehung dreimal überlegen.

Und damit bin ich auch schon am Ende der Zinsrechnung und auch am Ende dieses kleinen Überblicks angekommen.

Was Sie aus diesem *essential* mitnehmen können

In dieser Einführung haben Sie

- gelernt, wie man verschiedene Arten der Dreisatzrechnung durchführt,
- Grundbegriffe der Prozentrechnung und die dazu passenden Rechenregeln kennengelernt,
- die Prozentrechnung auf Zinsprobleme angewendet,
- und zu all diesen Themen Beispiele gerechnet.

© Springer Fachmedien Wiesbaden 2016
T. Rießinger, *Dreisatz, Prozente und Zinsen*, essentials,
DOI 10.1007/978-3-658-15085-3